U0719727

Art Design

建筑·景观设计手绘表现技法

主　编　黄　熙　广西建设职业技术学院
　　　　谭明铭　湖北交通职业技术学院
副主编　甘翔云　广西建设职业技术学院
　　　　蒋　萍　广西建设职业技术学院
　　　　樊　匀　南宁职业技术学院

西安交通大学出版社
XI'AN JIAOTONG UNIVERSITY PRESS

内 容 提 要

　　本书基于作者十多年的教学沉淀与设计经验编写而成，丰富的内容和多样的作品案例，可帮助学习者由基础训练开始，渐渐转入专业表现思维，再进而进入到熟练的设计表现应用中。作者多年的实践经验摸索出的这套手绘教学方法和实践操作能力训练方法，由易及难，浅入深出，行之于课堂能使课堂的学习生动而深刻，行之于设计行业能使设计师和学习者小有收获。

　　本书可作为大中专院校艺术类、建筑类相关专业的教材，也可作为相关专业设计人员的工具书和手绘爱好者的学习参考书。

前 言
Foreword

　　本书基于作者十多年的教学沉淀与设计经验编写而成,内容丰富、作品案例多样化。作者多年实践经验摸索出的这套手绘教学方法和实践操作能力训练方法,由易及难,浅入深出,行之于课堂能使课堂的学习生动而深刻,行之于设计行业能使设计师和学习者小有收获。

　　本书丰富的内容和多样的作品案例,可帮助学习者由基础训练开始,渐渐转入专业表现思维,进而再进入到熟练的设计表现应用中。

　　与目前其他此类众多的教材相比较,本教材在编排上有以下几点突破:

　　一、入门渐进式训练。本教材的第一部分,从最基础的线条开始,培养学习者一种冲动直觉的感官;从身边熟悉的植物分析入手,培养学习者感受思维能力,学会感性与理性相结合地观察、处理和表现事物;手绘线稿的解读分析,使学习者在把握整体、领会空间层次的表达上,强化了对手绘黑白灰世界的认识,为跨入第二部分手绘丰富的色彩世界表现埋好伏笔。

　　二、课题引领潜行式训练。任何表现训练都是为设计表现而服务的,本教材的第三部分,运用快题设计范例作为分析导入,让学习者去体会和认同表现技法的魅力,注重修饰自己的审美,懂得尊重艺术创造,注重个性张扬,流露他们的表现世界。

　　三、实践项目应用认识。教材结合作者的实践经历,提供了一些实践的项目表现作品作为案例参照解读,应用型的案例解读与基础训练并行,能让学习者从学习训练中获得有利信息,开阔视野,强化设计表现意识,并更加有效地在学习训练中做到学以致用。

　　本教材由广西建设职业技术学院黄熙、湖北交通职业技术学院谭明铭担任主编,广西建设职业技术学院甘翔云、广西建设职业技术学院蒋萍、南宁职业技术学院樊匀担任副主编。

　　在本教材的编写过程中,得到了许多同行、朋友的帮助;也参考了许多相关教材,引用了网络中的一些优秀作品作为教材内容解读的参考素材,未能一一联系到相关作者,在此一并表示衷心的感谢!

编写教材的内容和材料反应的是手绘的一个思考过程,希望将这些思考提出来供大家参考和探讨。由于时间有限,其中难免有一些不足之处,还望同行、读者批评指正。

编者

2016 年 6 月于南宁

目 录
Contents

第一部分　走进手绘黑白灰的世界

第一节　入门线条认识

在造型创作过程中,线条语言以它所具有的丰富情感、能独立创造"美"而在艺术创作中有着不可动摇的地位。在手绘造型表现创作中,线条的地位同样重要。一幅成功的手绘表现作品离不开线条的精心营造与构筑,特别是在时下流行的手绘表现语言里,线条更是受到人们的推崇,达到"无线不成画"的境界。

线条有长短、粗细、曲直、急缓、疏密、平斜、轻重、刚柔、虚实等,变化极其丰富,但千变万化都不离其宗——对比。就因为有"对比",线条才被赋予无穷的情感生命力,这生命力才成就了手绘效果图视觉美丽"肌肤"下的"筋骨",成了手绘其他造型语言无法替代的语言元素。手绘线条训练常用笔有:钢笔、美工笔、针管笔、水性笔等。不同的笔,其线条表现特性各异,使用时,可根据需要、个人实际情况选择运用。

事实上,有时候在很多已完成的手绘表现效果图里,能看得见、看得清楚的纯粹黑白线条却并不一定多,但这不代表它们不重要,抑或是可以随意潦草了事,谁都知道,成功的手绘表现效果图里,那些"神龙不见首尾"的线条是经过手绘者精心设计安排,已"入木三分"地融入到画里,起着中流砥柱的作用。手绘初学者要想达到这样的境界,首先要扎扎实实的练好基础线条基本功,只有熟练掌握各种线条的特性并能"心手合一"地加以灵活运用,才能巧妙发挥线条的情感魅力,才能把事物绘制得形神兼备。基础线条练习的一些范例如图1-1、1-2、1-3、1-4、1-5、1-6所示。

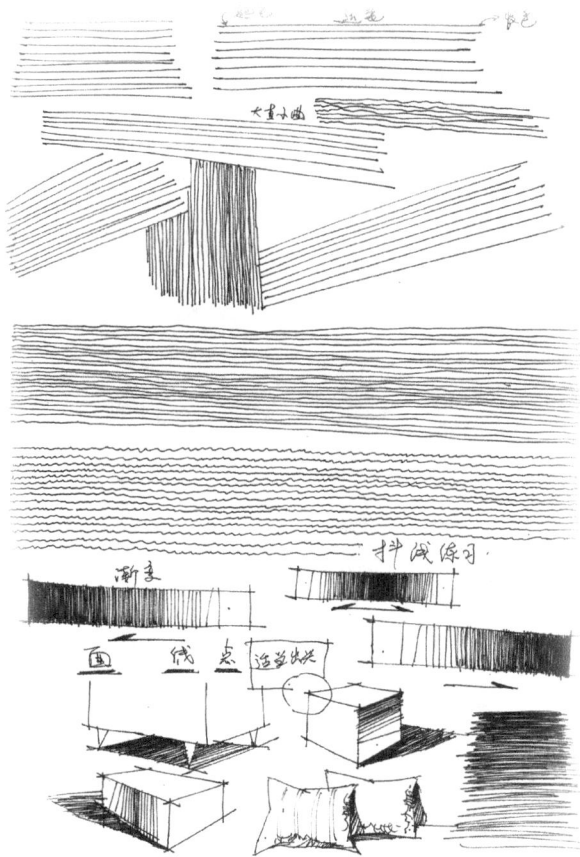

图1-1　基础线条练习范例一

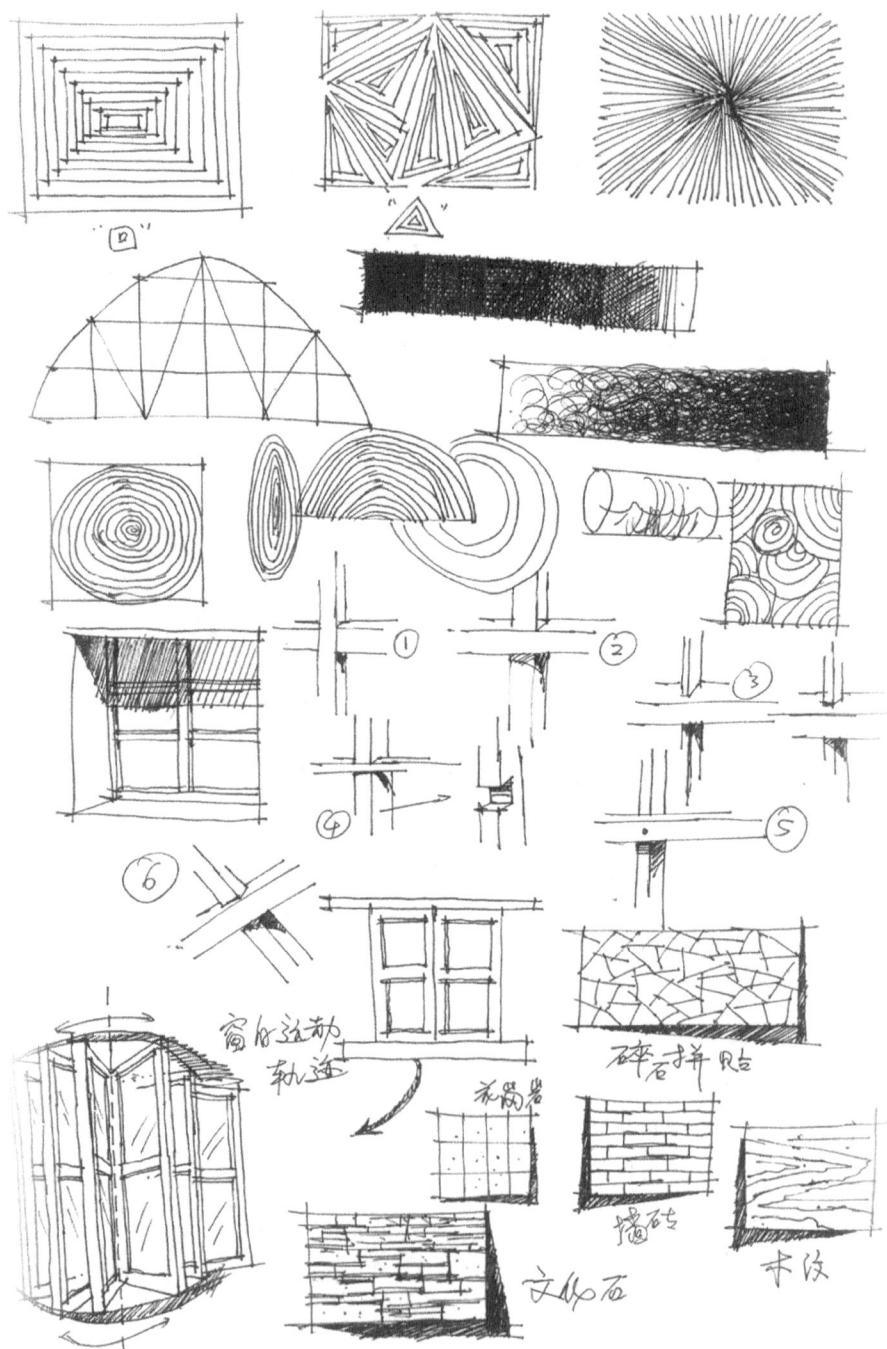

图 1-2　基础线条练习范例二

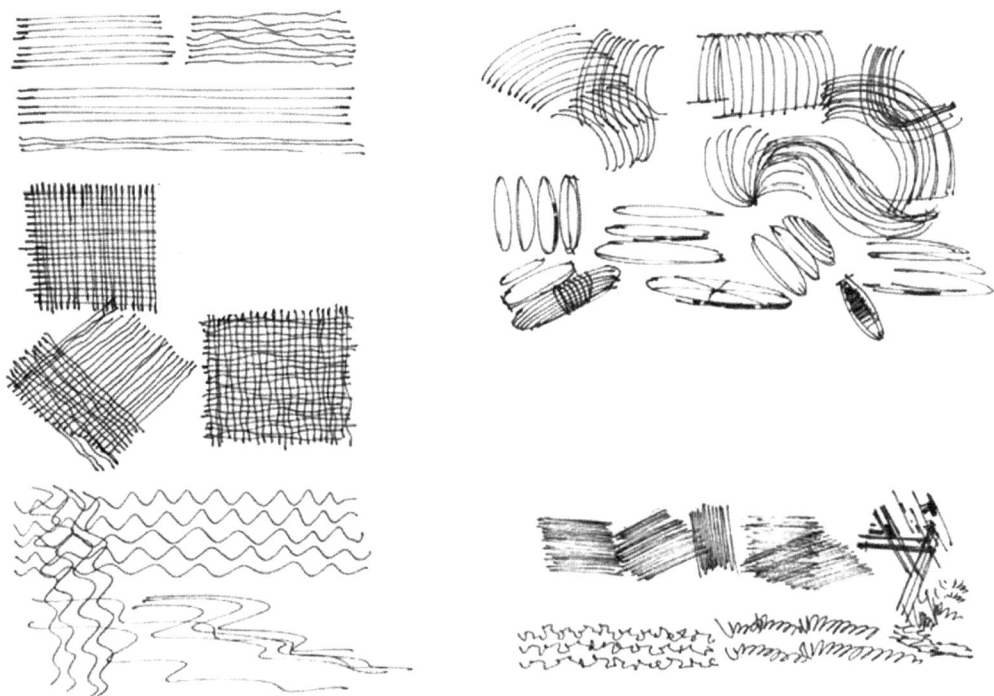

图1-3 基础线条练习范例三

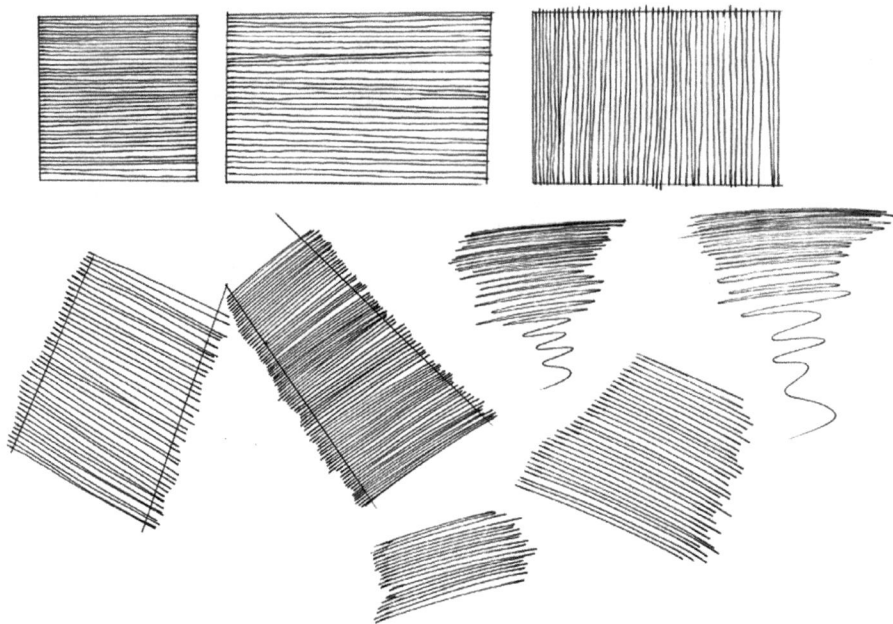

图1-4 基础线条练习范例四

交接节点练习

框架体面练习

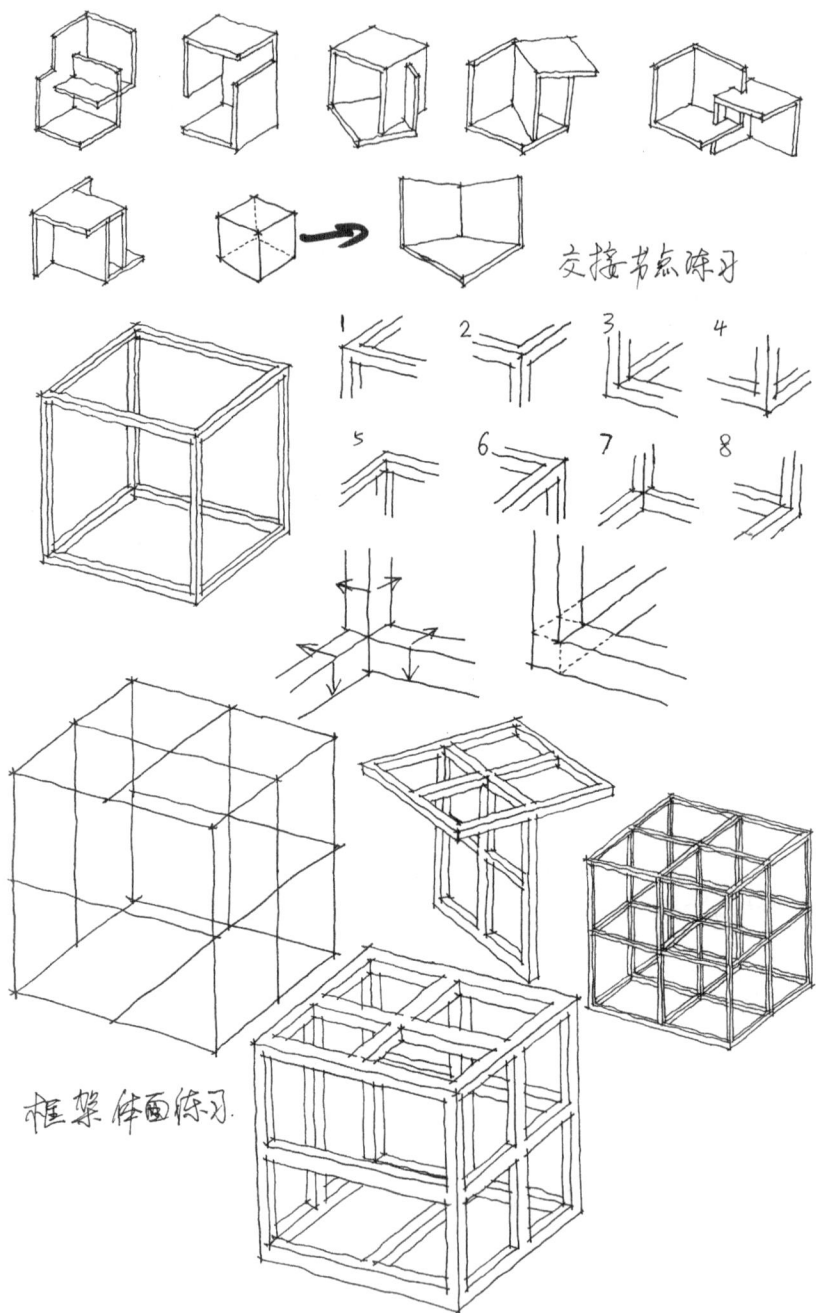

图 1-5　基础线条练习范例五

图 1-6　基础线条练习范例六

　　线条练习形式可以有多种多样，不仅局限于以上这些；练习手法也有各异。学习过程中，要多注意自身实际，多考虑扬弃学习的好处，就能较好地理解线条训练在手绘表现中的意义。

第二节　构成元素分析表现

　　室外建筑、景观设计表现，常常遇到一些常用但比较难于掌握、不易于表现的构成元素，这些构成元素表现的好坏又关系到整个设计空间、意境的表现效果，所以，无论它们有多难于掌握、不易于表现，作为设计者和手绘爱好者，要想学好手绘表现，面对这样的问题，不能采取回避的态度，只能寻求解决的方法。其实，只要有正确的认识态度，通过有效的训练渠道加以训练，那些问题就不再是问题。下面分析几种主要构成元素的一般表现规律，以点带面地去认识、理解和解决那些常见的问题。初学者可以通过对这几种表现分析的学习，多思考、多体会、多训练、多尝试，找到解决常见问题的最佳途径。

一、植物分析表现

　　大家都知道，手绘表现特别是建筑、景观手绘表现效果图，植物的表现很关键。在效果图里，植物千变万化，扮演的角色也是多种多样，其中最重要的一个角色，是参与扮演效果图画面意境营造。室外建筑、景观设计表现图的表现效果，意境的营造很关键。因此，植物表现的好坏就显得尤其重要。而植物的结构相当复杂，形体又多种多样，要想很好地表现其特质，需要学习者具有较强的概括和归纳能力。下面，我们首先分析植物的表现训练。

　　植物种类繁多、形状千变万化，对于建筑、景观设计的植物手绘表现来说，重要的是要学会正确地表现树形，特别是每棵树特有、独有的特征，如果掌握了这一方法，植物表现就会信手拈来。

　　为了方便理解与把握，我们首先把常见、常用的植物进行归纳与分类，把众多的植物归纳分类为规则的和不规则的两种。规则的树形类似有三角形、圆形、梯形等;不规则的树形则有很多,这需要学习者在学习中慢慢去理解、体会,才能更好地把握它们的体貌特称,才能表现好它们的特性。

被归纳成几何图形的树形,虽然有一定的具体形状,但在表现时,不能给人过于机械的感觉。在处理上,不管是规则的与不规则的树形,我们都应该围绕其形体,运用线条作穿插,运用对比作变化,运用疏密作掩体,尽量把规则与不规则的树形表现得灵活生动一些。特别是初学者,心中一定要建立一个对比、变化、穿插的关系,去正确地把握对树形的描述。恰当的描述与表现,能让植物树木具有鲜活的生命力,能给手绘表现效果图徒增不少的意境。如图 1-7、1-8、1-9、1-10、1-11、1-12、1-13 所示为一些植物的分析表现。

图 1-7　规则植物灵活分析表现

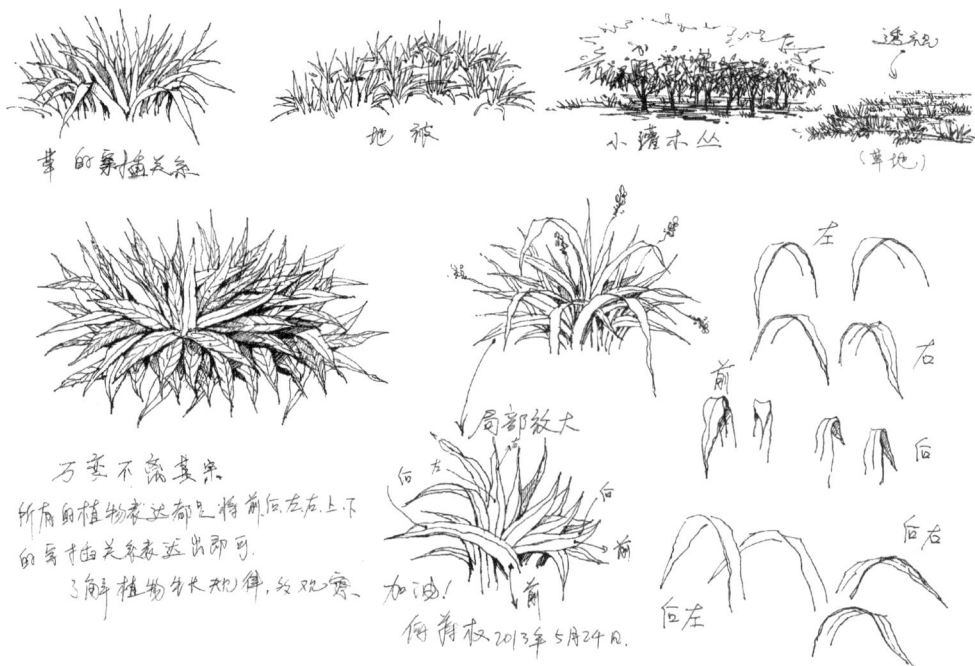

图 1-8 草丛、灌木分析表现

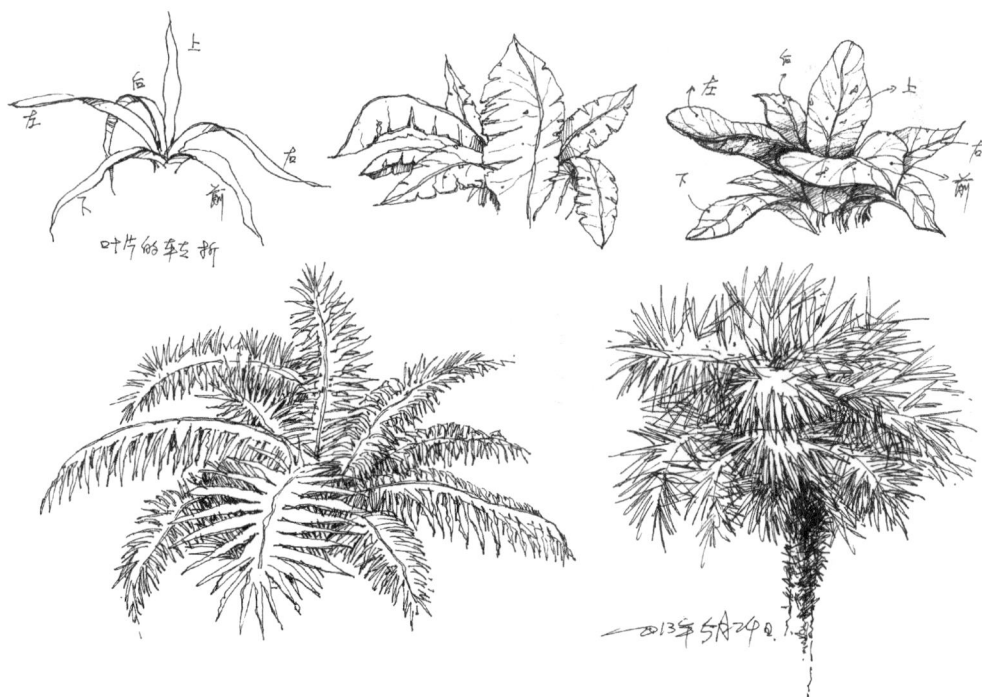

图 1-9 植物、树冠疏密穿插关系分析表现

图 1-10 穿插关系分析表现

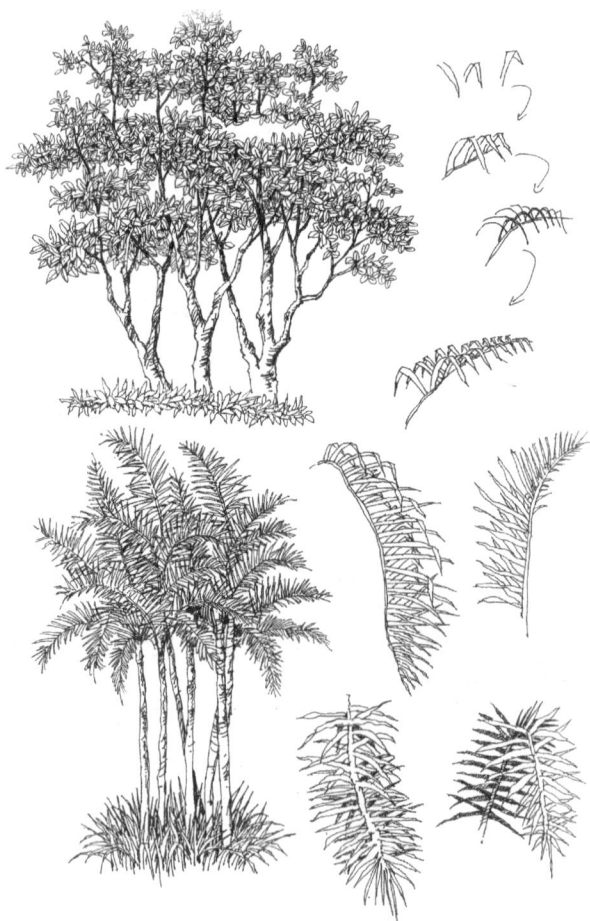

图 1-11 不规则植物归纳分析表现

图1-12　不规则植物、树冠、草丛归纳分析表现

图 1-13　规则与不规则植物组合分析表现

二、石头表现

石头,参与到设计手绘表现里,它不再是生硬无情的摆设品,而是充当观赏石、文化石、演绎赏石文化景观等富有诗意的象征出现在设计师的设计立意里,是设计意境的重要组成部分。所以,在室外建筑、景观设计手绘表现效果里,对石头的表现不能是生搬硬套的表现,而应该是富有理解情感的描绘表现。

因构成成分不同而形成的形态千奇百怪的石头,会给初学者造成一定的表现难度,但它与其他构成元素一样,也具有自己的表现特征特点,也有一定的规律可循。国画里的"石分三面",说的就是无论多么千奇百怪的石头,都可以把它视为一个六面体来认识,这样不仅方便认识,还方便表现。因此,手绘表现石头时,只要注意分面表现,注意面与面之间的转折关系,注意转折中虚实转换的表现关系,就不难把石头表现出彩。

在表现石头的厚薄、高矮、凹凸、虚实时,下笔要有适当的顿挫曲折、急缓;刻画细节时,要运用概括、简洁而又有神韵的表现语言,以达到刚直而不失柔美的表达石头诗意空间的目的。表现石头暗面及反光面时,线条不要画得太过,注意留白。总之,表现石头的最佳手法,是运用不同的笔触表现出不同的肌理质感,使石头圆中透硬、硬中带润,使其诗情画意的形态得以尽显无遗即可。如图 1-14、1-15、1-16、1-17、1-18、1-19、1-20 所示为石头的不同表现。

图 1-14　石分三面表现

图1-15　石头凹凸、虚实表现

图1-16　石头高矮、运笔顿挫表现

图 1-17 石头与水虚实对比表现

图 1-18 石头与其他元素结合表现

图 1-19 石头亮面与暗面表现

图 1-20　石头远近虚实表现

三、水景表现

随景随形、千姿百态的水，因无形、可塑性很大而成了较难于把握的构成元素之一。从某种意义上来说，水是刚柔并济、动静结合的一个元素。水景是景观重要的构成元素，曾被人们冠以"园之灵魂"的水景，可以塑造生机盎然的景观，书写无穷尽的诗情画意。因此，水景的设计，不仅能给人们带来心理上的满足，还能赋予效果图非凡的灵气。怎样才能把古人所云"水性至柔，是瀑必劲""水性至动，是潭必静"等大自然中千变万化的水的特质特点表现好，关键还是要多观察理解，学会分析与归纳，然后作一些有的放矢的训练。

水分动静。静水宁静、安详，给人以温和的感觉，它常以湖、塘、池等形式出现。表现静水，经常用比较平和的直线、虚线以及曲线来表现，线条起伏较小，表现水体涟漪的笔触相对放松。如图 1-21、1-22 所示为静水表现效果。

动水活力、欢畅。它们常以溪流、河流、瀑布、喷泉等形式出现。动水给人的感觉明快、兴奋。表现动水的线条，其节奏律动变化较大，笔触急缓有序。水景中动水的手绘表现形式比较特殊，要注意观察，学会抓住重点。不同的水景，水流方式不同，线条韵味也不同。一般情况下，表现线条方向与水流方向要保持一致；水的受光面应尽量留白，表现背光面的线条要概括、简练。总的来说，表现线条的疏密、节奏关系只要符合水体的轻盈流畅、能体现出水体的自然状态就可以了。如图 1-23、1-24 所示为表现动水表现效果。

图 1－21 起伏较小的曲线表现的静水效果

图 1－22 笔触轻松的虚线表现出的静水涟漪效果

图1-23　线条方向与水流方向一致的动水表现效果

图1-24　转折面线条概括简洁有力的动水表现效果

　　常见的几种水景类型表现有：瀑布表现、喷泉(涌泉)表现、跌水表现。

1.瀑布表现

　　瀑布的水体线稿，笔触不宜画得太满，要为后续的着色阶段留有足够的渲染空间；特别是大面积的水体瀑布，要注意大量的留白，以表现水的气势磅礴。如图1-25、1-26所示为瀑布表现效果。

图1-25 大面积留白的瀑布表现效果 黄明玮

图1-26 气势磅礴的瀑布水体表现效果

2. 喷泉（涌泉）表现

　　这种喷射、喷涌的水体表现，要注意事先留出水柱的留白部分，随后用笔对水柱边缘稍加强调，用笔注意虚实处理，曲直得体，尽量突出水柱的体积感。如图 1-27、1-28 所示为水柱的虚实表现和水体的体积感表现。

图 1-27　水柱的虚实表现

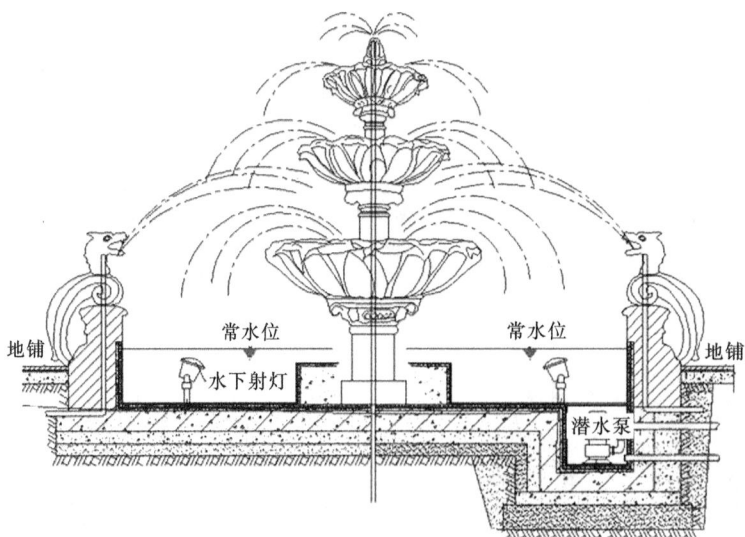

图 1-28　水体的体积感表现

3. 跌水表现

　　阶梯型的跌水主要是起到一种缓冲的作用，手绘表现时要注意运笔的力度，转折的地方笔触肯定有力，其他地方笔触轻扫而过，受光面与瀑布的表现方式一样。如图 1-29、1-30 所示为跌水的表现效果。

图 1-29　跌水表现效果一　　　黄 维

图 1-30　跌水表现效果二　　　黄 维

　　对任何物态的表现都不要仅仅局限于一种或某种形式的表现，尝试才有可能创新，创新才有可能找到最适合自己的表现语言。

第三节　黑白线稿底稿解读分析

对于手绘表现来说,前期的黑白线稿底稿的准备是重要的。如果说,色彩是手绘表现美丽的"肌肤",那么,黑白线稿就是手绘表现美丽肌肤下的"筋骨""血肉"。线稿绘制效果如何,将直接影响到整个手绘表现的过程和结果。

手绘线稿与一般的黑白速写画法相似,稍有不同的是,手绘线稿在黑白处理手法上稍有些不一样的讲究。比如:为了给后续色彩表现留有一席之地,手绘线稿在暗部的刻画上,可以概括简练一些,不必画得太过浓重和富余,以免作色彩表现时给画面造成"糊"的感觉(其他特殊表现除外)。如图1-31、1-32、1-33、1-34、1-35、1-36、1-37、1-38、1-39、1-40所示为不同类型的黑白线稿底稿表现。

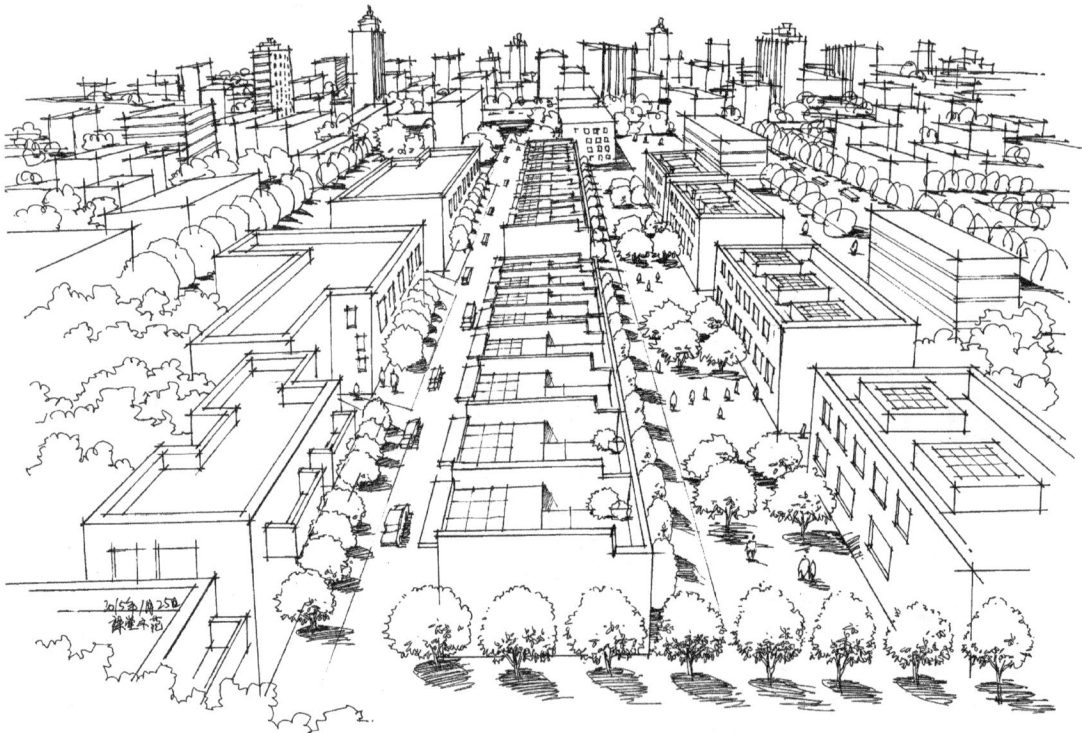

图1-31　鸟瞰图黑白线稿底稿表现

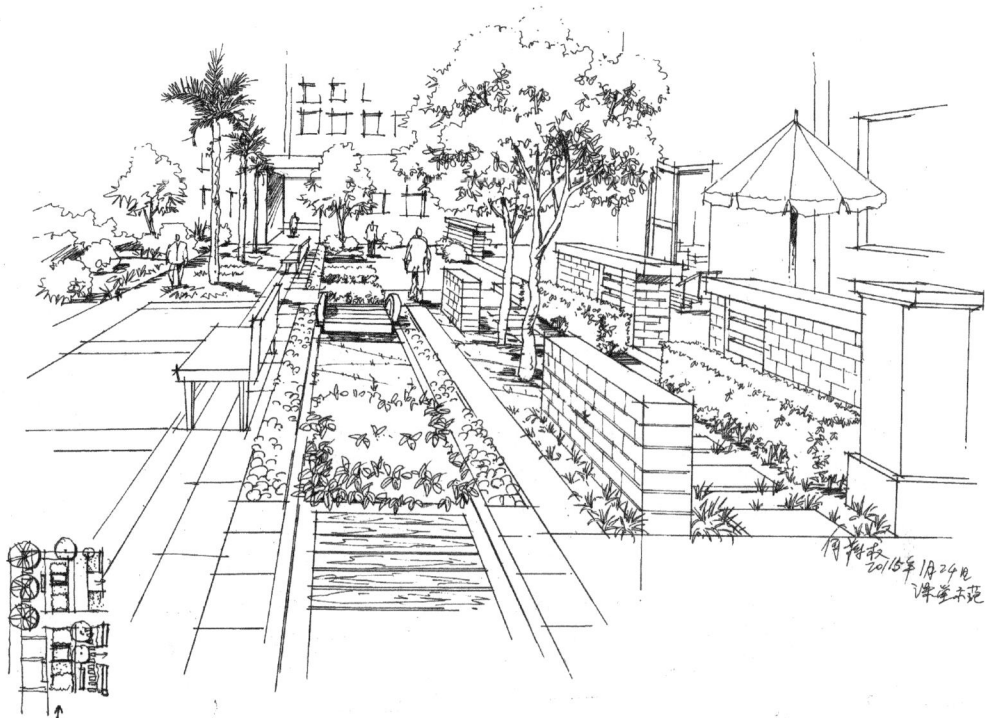

图 1-32　建筑景观黑白线稿底稿表现一

图 1-33　建筑景观黑白线稿底稿表现二

图 1-34　建筑景观黑白线稿底稿表现三

图 1-35　建筑景观黑白线稿底稿表现四

图 1-36　建筑景观黑白线稿底稿表现五

图 1-37　景观黑白线稿底稿表现

图 1-38　建筑黑白线稿底稿表现一

图 1-39　建筑黑白线稿底稿表现二（特殊表现效果）

图 1-40 建筑景观线稿表现(特殊表现效果)

手绘线稿时要注意以下事项:

(1)构图:任何绘画种类、构图都是非常重要的,所以,在画手绘线稿之前,必先根据实际需要考虑好构图。

(2)透视:一幅成功的手绘作品,合理的透视表达是关键。

(3)整体黑白灰:画面的黑、白、灰对比关系很重要,没有疏密、没有黑、白、灰的对比,就没有画面的空间层次关系。完整的层次空间关系,会给色彩手绘表现带来事半功倍的效果。

(4)细部刻画:重要的部分应着重加以深入刻画,突出重点是画面吸人眼球的关键。近观远视都很吸引眼球的画面,必定是主次分明、重点突出的画面。

思考练习题

1.认识线条,多种形式的基础线条训练。

2.了解线条的个性及韵律,作小品组合线稿练习。

3.学会运用线条表达情感,作建筑、景观黑白空间线稿练习。

第二部分 走进手绘丰富的色彩世界

第一节 色彩风景写生表现

色彩风景写生是一种传统的绘画表现形式,它存在的领域十分广泛。实际上,历来的绘画大师、艺术设计大师乃至一般的绘画者、艺术设计者都很重视通过色彩风景写生、表现练习来获得更多的绘画、设计基础知识与创作灵感的积淀。

通过大量的写生练习、表现,可以帮助人们收集创作素材、积累丰富的表现经验。色彩风景写生表现不仅仅只是"大自然的搬运工",其语言技法也不仅仅只是简单地"复制""粘贴",而是经过艺术家的情感消化,高度的概括和归纳后表现出来的。色彩风景写生不仅可以提高我们对事物、对色彩、对空间等的认知能力,还可以提高我们对表现语言的概括归纳和组织能力;对于初学者来说,运用手绘表现技法来进行风景写生表现看似很难,但这却是一种很实用的手绘基础训练形式之一。

色彩风景写生表现学习,可以从理论认识到实践练习,也可以从实践练习再到理论认识;或是理论和实践反复结合训练都是可取的。总之,学习没有一成不变的理论,只有不断学习和摸索发现,才能收获自己的心得。与时俱进的手绘表现技法,需要学习者学会善于向前辈学习,借鉴他们的经验,懂得与同行分享,学会取长补短,还要学会勇于创新、不断完善自我等。

一、名师作品欣赏

向谁学习,是一个人一种学习智慧的高度。向前辈、名师学习,不仅学习他们作品的表现手法,更重要的是学习他们的敬业精神。

向前辈、名师看齐,从他们对事物的观察能力和表现能力,以及他们对风景写生手绘表现的种种过人之处得到启发,从初步学习风景写生手绘表现的取景构图、色彩色调、表现语言等,到学习更多内涵的处理能力的培养,逐步发挥自我优势,勤学苦练,把理论思考与实践创新相结合,做到对色彩风景写生手绘表现语言有更进一步的认识,积累丰富而难得的经验。名师作品欣赏是积累学习经验重要的一步。如图 2-1、2-2、2-3、2-4、2-5、2-6、2-7 所示为精心挑选的一些名师作品。

图 2-1 民居写生表现一　　夏克梁

图 2-2 民居写生表现二　　夏克梁

图 2-3　民居写生表现三　　　夏克梁

图 2-4　建筑写生表现一

图 2-5 建筑写生表现二

图 2-6 建筑写生表现三

图 2-7　建筑写生表现四

二、其他优秀作品赏析

21 世纪是信息千变万化、不断发展的时代。要想在风景写生手绘表现方面有所造诣,除了向前辈、名师学习外,也要注重跟同行进行交流学习分享,这样才能时刻明辨自我的学习方向,正如孔子曰"三人行,必有我师焉。"发挥自己优势与向同行学习并不矛盾,前辈、名师之所以能成为站在我们前面的巨人,正是得益于他们善于注重交流学习、不断进步的结果。跟同行交流学习是自身扬弃学习过程的一个重要环节,坚持交流学习、坚持自我扬弃是学习前进的动力源泉。

学会赏析优秀作品也是与人交流学习的重要渠道之一。赏析就是从作品的构图、色彩、透视、情感等方面入手,进行感受、感知、体验、分析等,以获得审美享受和表现知识的过程。如图 2-8、2-9 所示,它们善用明快的色彩突出表现出作品的中心,巧用意向性语言引出作品的层次感,使得粗看之下,作品只是在给我们呈现一幅幅关于普通村头的院落,但细看之下就会发现,那些单纯的村头院落其实给我们呈现更多的是不一样的思想感情。如图 2-10、2-11、2-12、2-13、2-14 所示,它们生动柔和的色彩表现看起来是那样的贴切自然,仿佛让人身临其境,感受着自然的魅力和作者的心情,同时又徒增一份跃跃欲试的学习冲动欲望。

赏析让我们在情感上得到陶冶,更在品格上得到完善。赏析使我们身心愉悦、忘我,也犹如空气般给我们带来学习的养料。

图 2-8　乡村写生表现一　　何蒋权

图 2-9　乡村写生表现二　　何蒋权

图 2-10 校园写生表现一 何蒋权

图 2-11 校园写生表现二 何蒋权

图 2-12　校园写生表现四　　　何蒋权

图 2-13　某会展中心写生表现　　　何蒋权

图 2 - 14 某科技馆写生表现 何蒋权

对于初学者而言,学习写生手绘表现之初,可以先用铅笔来确定画面大框架的位置,甚至是绘制出较为详细的底稿,因为铅笔可以方便我们对画面进行比较自由的反复修改;铅笔底稿画好后,再用墨线笔把线稿确定下来,最后是色彩语言的表现。

第二节 形色结合设计表现

一、小品设计表现

从经验方面来看,适合初学者的学习方法,很多时候是从尊重他们的喜好开始入手,特别是设计、艺术类专业的学习。对于设计手绘表现创作学习,开始时,初学者可以针对自己的喜好,选择一些适合自己练习、临摹的优秀"范画"进行入门学习。通过大量的临摹学习,发现优秀作品的表现语言规律,抓住重点,深入浅出地找到属于自己个性的表现语言,继而进入自主设计手绘表现创作学习。

如果说,尊重学习者的学习爱好更能激发学习热情和树立学习自信心,那么,学习手绘表现创作,从小品设计表现入手训练,则是培养初学者爱好手绘表现的一种重要的学习途径和手段。小品设计具有空间小、组织简单、易于掌控等特点,这能大大增强初学者手绘表现的热情和信心。因此,创作学习伊始,初学者可以通过一些感兴趣的小品设计素材来小试一把,从中慢慢体会手绘语言以及它们的表现魅力,逐步提高自己的审美视角和语言表现技巧,增强自我学习自信心和手绘表现热情。

小品设计形式多种多样,内容丰富多彩,学习者可根据自己的喜好、专业偏向有所选择。训练过程中,可根据不同学习阶段选择临摹、半临摹半创作、创作等反复练习,通过由简及繁、由易到难、循序渐进的训练形式进行自我训练学习,由此有效地提高兴趣爱好、积累经验,为更好地过渡到更复杂的专业设计表现打下坚实的基础。如图 2-15、2-16、2-17、2-18、2-19、2-20、2-21 为不同的小品设计表现。

图 2-15　景观小品与材质表现

图 2-16　石材组合小景表现

图 2-17 景观小品表现

图 2-18 石材与其他元素组合表现

图 2-19　建筑小品与其他表现

图 2-20　跌水小景表现

图 2-21　景观小景表现

小品表现训练要注意以下事项：

(1)小品临摹练习。

①要注意用心体会原作在对事物的表现上，其所使用的表现手法的真正意图。

②要明确自己的临摹学习目的。

(2)半临摹半创作练习。

①要注意构图。养成绘画先构图的良好习惯，有助于培养正确的创作表现和思维能力。

②要注意色调的把握。一幅好的色彩作品，关键是要看色彩整体基调的把握和处理。色彩的整体和统一、色调的明确可以直接表明画面的诉求效果。

（3）小品创作训练。

①要注重心境的培养。要做到"景到随机，不拘一格"地把灵活多样的臆想元素有效地组合、点化运用成一幅精美的设计作品，灵巧心境起着先导作用，"画如其人"的说法，或许可以帮助我们理解这个道理。

②要尊重实用功能空间的保留。景观、建筑等设计都是为人服务、为人所用的，它不仅讲求艺术美感诉求，更要讲求实用功能的安排。

③要巧设点缀。任何东西都需要相互衬托才更具生命力，巧设点缀使设计变得更有生机与活力。

总之，一副成功的手绘艺术作品，首先是构图的成功，然后是色调的准确，再就是技法的到位等，才能使作品的内容顺理成章，主次分明，主题突出，画面赏心悦目。反之，就会影响作品的效果，没有章法，缺乏层次，整副作品不知所云。

二、场景设计——形色结合表现

当小品表现基础积攒了一定经验后，进一步就是场景设计形色结合表现训练。

场景空间大、构成元素相对较多，设计表现时首先要设计、把握好"形"的表现，然后再确定色彩色调的表现运用。这里的"形"指的是既感性又理性的线稿。在设计中，它们既可以独立完成表现，也可以与色彩相互作用、碰撞，完成不一样的情感表现。而"色"即是色彩，它可形神兼备，能独立完成无穷无尽的艺术世界的表达。康定斯基这样说过："色彩好比琴键，眼睛好比音槌，心灵仿佛是绷满的钢琴，艺术家就是弹琴的手，它有目的地弹奏各个琴键来使人的精神产生各种波澜和反响。"可见，"色"对"形"、对手绘表现的影响力。形与色美妙的组合往往给人扣人心弦的感觉，落笔之处，人、景、物象充满生命活力；它们的组合能使复杂变成单纯，也能把单纯变成复杂；奔放中饱含细腻，理性间尽显狂野。自由而有的放矢的形与色的表达，都有可能给表现甚至是设计带来超然的惊喜，令人陶醉其中而不自知。

再就是人性的好"色"也使得表现不再满足于单纯的黑白表现。为了那个真实与虚幻的设计空间，设计师在表达时，考虑"形"与"色"的关系是必须的。一副完美的表现技法效果就是"形"与"色"水乳交融的结果。如图2-22（1）、2-22（2）、2-23（1）、2-23（2）、2-24（1）、2-24（2）、2-25（1）、2-25（2）所示即为形色结合表现结果对比。

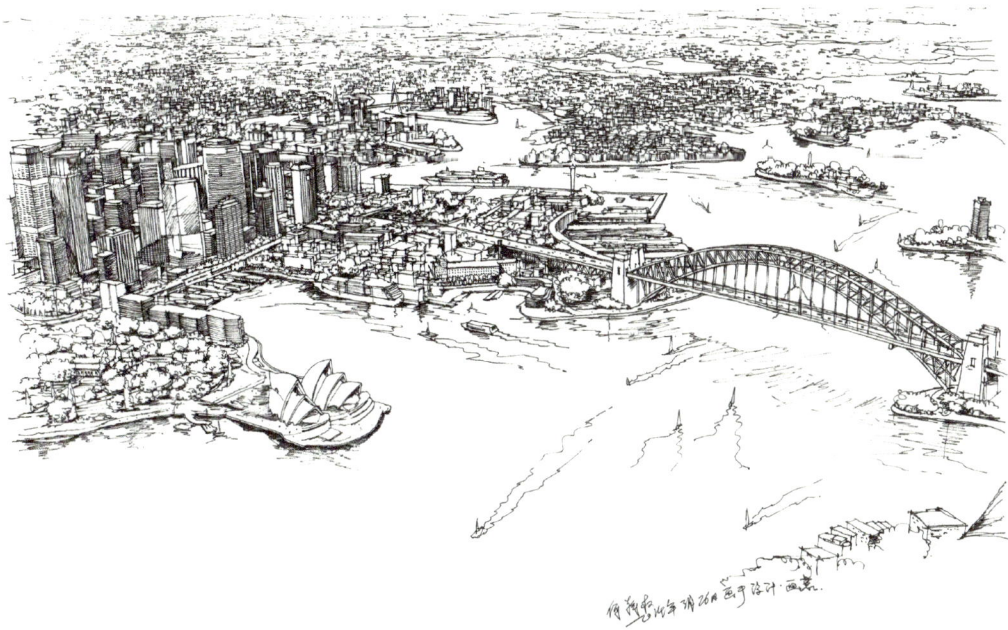

图 2-22(1) 景观设计鸟瞰线稿——形

图 2-22(2) 景观设计形色结合表现结果

图 2-23(1)　景观建筑鸟瞰线稿——形

图 2-23(2)　形色结合表现结果

图 2-24(1) 景观建筑线稿——形

图 2-24(2) 形色结合表现结果

图 2-25(1) 景观线稿——形

图 2-25(2) 形色结合表现结果

第三节　色彩世界里秩序的马克笔表现

如今,在众多的手绘表现工具里,马克笔常以它方便、快捷、效率的特性成了专业人士及其手绘爱好者的新宠。它的技法有别于水粉、水彩技法,不如水粉、水彩色彩那样容易调和和方便修改,但它直接和干脆的表现语言所带来的秩序之美,却也是水粉、水彩表现语言所望尘莫及的。

随着科技的发展,马克笔的品牌和种类与日俱增,根据其属性的不同,大致可分为油性、水性、酒精类等。日常中,大家比较常用的是水性马克笔和酒精类马克笔两种。一般情况下,这两种属性的马克笔并不一定被表现者们有意明确区分运用,相反,它们常常被混合运用。总之,选择适合的,才是关键。

一、水性马克笔表现

水性马克笔的绘画效果有时候与水彩的绘画效果很相似,它们的色彩都比较鲜亮和透明轻薄。水性马克笔的"水感"特征明显,但需要注意的是,笔触多次叠加后,颜色会变得浑浊不清,且反复的笔触叠加也容易使纸面受损伤。要想使水性马克笔表现效果更像水彩表现的那种"朦胧"效果,使用时,可以适当地让其笔头沾一些水,或是事先用水把纸张刷得稍微湿润一些再进行使用。要想使水性马克笔体现出清晰明辨的笔法,使用时,则需要把握好运笔的力度,一般情况下,运笔的力度要稍加重。

学习时,既要学会使水性马克笔适用于大面积表现、有着水彩的"朦胧"效果,也要学会使其有可方便于精细的细部刻画的笔法,还要学会把控好其作为马克笔所应具备的秩序之美语言特性的神韵。总之,学会充分发挥水性马克笔表现语言的最大优势,正确把握其语言特性,灵活运用,不墨守成规,使其能准确地为设计诉求服务才是学习的终极目标。如图 2-26、2-27、2-28、2-29 所示为水性马克笔表现。

图 2-26　鲜亮、透明轻薄的水性马克笔表现一　　吴　佳

图 2-27 鲜亮、透明轻薄的水性马克笔表现二　　　吴　佳

图 2-28 既有水彩的"朦胧",也有马克笔秩序之美的表现　　　吴　佳

图 2-29　既便于大面积渲染、也便于精细刻画的水性马克笔表现　　　　何蒋权

　　水性马克笔对纸张的要求没有水彩要求得那么严格，很多纸张都能满足水性马克笔表现的需求。

二、酒精马克笔表现

　　与水性马克笔相比，酒精马克笔具有着色快、挥发快的特点，笔法也比较容易产生重叠效果。一些特殊的肌理效果。也是酒精马克笔表现的强项。率真的酒精马克笔在笔法上更能体现出马克笔干练与直接的特性。当然，对于画面阴柔、朦胧部分的处理，"干练、直接"的酒精马克笔语言也是可以华丽变身，变得柔和、含蓄，把"柔美"的部分表现得精致到位。与水性马克笔混合使用，酒精马克笔也不容易破坏水性马克笔的水性特点，相反，两者反而是两两结合，相得益彰。如图 2-30、2-31 所示为酒精马克笔表现效果。

　　秩序美是马克笔特有的语言标签，酒精马克笔语言的秩序美尤其明显。规律秩序的酒精马克笔笔法，无论是对小局部的刻画，还是对大面积的表现，只要是语言技巧得当，它们的表现能力都是显而易见的。不同秩序排列的笔法，相互之间产生互动关系，使秩序、整齐变得既细腻又有冲击；视觉感觉既张扬又沉稳；特殊的表现语言，其大气磅礴的气势足以令审美视觉得到一次洗礼。而有意无意的一笔一划、一点一顿，使富于秩序的表现笔法徒增无穷变化的视觉魅力。秩序是秩序，秩序又并非一定是秩序。无中生有、有中生无的语言音符，顷刻间使得专属于马克笔节奏韵律的律动篇章变得既可强劲、亦可柔和。

图 2-30　两两结合、相得益彰的水性、酒精马克笔表现效果

图 2-31　既干练又柔和的酒精马克笔表现效果　　何蒋权

　　无论是建筑、景观、规划还是室内手绘效果图表现，马克笔都是形、色共赢的最佳表现工具之一。马克笔虚虚实实、真真假假的秩序，虚张声势的点、划，无不孕育着无穷的绘画语义，所有的语义又都是因为彼此的相互关系而存在。好好学习体会，才能真正领会和学会运用马克笔的秩序之美、无意有意的点、划修饰语言的巧妙之处。如图 2-32、2-33、2-34、2-35 所示为马克笔应用的不同表现。

图 2-32 马克笔表现的秩序之美 黄 熙

图 2-33 马克笔"点"的应用 黄 熙

图 2-34　马克笔张扬又稳妥的表现　　何蒋权

图 2-35　形色共赢的马克笔表现　　黄　熙

　　适用于酒精马克笔表现的纸质有许多,只要不是太薄的纸质都适用,只是不同纸质的表现效果略有区别。如在硫酸纸上作马克笔表现,就有别样的韵味。作表现时,采取擦拭的方法或是笔触重叠时一些技法上(色彩重叠顺序不同、不同色彩重叠等)的处理,有些地方就会留下"水迹肌理"或是特殊肌理,这些肌理效果非比寻常。再有,原本具有"犀利"特质的马克笔笔触,在硫酸纸上,这种特质是"内敛"了不少。原本那种"率真""霸气"的表现效果,在硫酸纸上的表现效果却也可变成比较柔和而朦胧的效果。如图 2-36、2-37 所示在硫酸纸上的马克笔景观表现效果。

图 2-36 硫酸纸上的马克笔景观表现效果一

图 2-37 硫酸纸上的马克笔景观表现效果二

　　一般情况下，为马克笔干脆直接又有力度的表现语言量身定做的线稿底稿，大多要求笔法清晰、线条干脆、块面明显等，否则，则容易引起表现画面层次混乱、主次不清、"框架"模糊，甚至造成画面缺失"骨骼灵魂"等视觉现象，令手绘表现诉求大打折扣（个别创意需求除外）。

　　为了方便掌控画面和作色彩、笔触叠加、递进处理，马克笔在绘制方法上与其他绘画种类的绘画方法一样，也是先铺大色块（大色调），再作细节描绘，进而是深入刻画、整体调整等。

　　本节要点：注重有规律、有节奏的语言排列组合运用；注重落笔和收笔以及边角的处理；注意切勿使笔触看起来杂乱无章，毫无秩序，边角毛糙不修边幅。

第四节　色彩世界里小·泉叮咚的彩色铅笔表现

彩色铅笔品种很多,按属性大致可分为水溶性和油性彩色铅笔两种。

对于手绘表现,多数业内人士喜欢选择使用水溶性彩色铅笔。从某种意义上来说,水溶性彩色铅笔不仅在附着力方面优于油性彩色铅笔,而且它们表现出来的肌理效果似乎也更能满足人们的视觉审美需求。而油性彩色铅笔多次叠加后不仅容易使附着力减弱,还可能产生一种"腻"的视觉感觉,因此,业内人士也就较少选择对它的使用。

以细腻、含蓄、能多层叠加色彩而见长的彩色铅笔表现,与速度、效率的马克笔表现相比,它们不那么容易着色的特性,让表现变得相当费时费力。总的来说,表现明确、艳丽的色块时,运笔需要肯定而有力度;反之,则需要含蓄和柔和一些,如图2-38、2-39所示。

水溶性彩色铅笔,结合水加以渲染、揉蹭后,会出现类似"水彩"一样的表现语言,这种技法也使彩色铅笔的色彩效果变得更富于变化和有层次。具有细腻、含蓄、朦胧特质的彩色铅笔语言,在结合其他表现工具运用时,它们经常被用来表现远景和天空的色彩,如图2-40、2-41、2-42所示。

图2-38　肯定有力的运笔表现鲜明的色块

图 2-39 柔和的笔法表现

图 2-40 表现天空色彩的彩色铅笔语言

图 2-41　表现远景及天空色彩的彩色铅笔语言

图 2-42　表现远景效果的彩色铅笔语言

　　有些初学者认为彩色铅笔表现比较容易掌控，因此常首选彩色铅笔作为手绘学习入门工具，其实并不一定尽然。和其他表现工具一样，它们既有自己的长处，也有自己的短处。初学者喜欢它们的主要原因是因为它们不仅笔法细腻"不容易出错"，而且大多数情况下还能像素描绘画那样可以使用橡皮进行修正、涂改。彩色铅笔的这些长处能给初学者提供方便。但它们的短处也是不可忽视的，它们不能多次反复修正、涂改；多次叠加的表现，其用色顺序和运笔力度都要有讲究,否则会使纸张"起毛",颜色泛脏、犯糊等。在学习中,可多尝试,注意总结经验,切勿一成不变或死记硬背所谓的前人"经验"。要坚信任何表现工具、任何技法都不是一成不变的。彩色铅笔不同的叠加顺序手法、不一样的运笔力度将造就不一样的表现魅力。

　　在一般人眼里,彩色铅笔或多或少有这样或那样的所谓"长处"与"短处",但在另一些人的眼里,它或许却是一个不可多得的表现工具,他们能让它们有别于其他,独特地表现出那一份自我、那一份诗意等,让人们不得不刮目相看。如图2-43、2-44、2-45、2-46、2-47、2-48、2-49、2-50所示为彩色铅笔的不同表现效果。

图2-43　富于秩序韵律的彩色铅笔表现

图2-44　精致细腻的彩色铅笔表现

图 2-45　彩色铅笔有趣的穿插技法表现

图 2-46　彩色铅笔色彩强对比表现

图 2-47　丰富的彩色铅笔技法表现

图 2-48　色彩鲜艳的彩色铅笔表现

图 2-49　变化统一的彩色铅笔技法表现

图 2-50　取舍得当的彩色铅笔技法表现

第五节　色彩世界里浓妆淡抹的水彩表现

　　浓妆淡抹总相宜的水彩表现,在手绘表现技法里,扮演着不一样的角色,有着重要的地位。作为手绘传统表现材料的水彩,从某种意义上来说,其表现语言或许没有水彩画那样的自由洒脱与淋漓尽致,但它仍可以通过特殊的渲染技法,把丰富的设计内容准确精致地进行表达的同时,尽量保留水彩的透明特质与奔放的语言魅力。如图2-51、2-52所示为水彩的表现效果。

图2-51　水彩奔放的语言魅力表现

图2-52　精致又不乏张扬的水彩表现

　　水彩渲染表现,在工具的选择上有一定的要求。就颜料而言,应选择沉淀少、透明度好的品牌;笔的选择除了根据不同需要选择不同大小型号外,品牌和笔毛的软硬度也有侧重,笔毛柔韧度适中的笔最实用;纸张则应选择吸水性较好、纸质较厚的中等纹理的水彩纸或是吸水性好、类似水彩纸纹理的其他纸张。纸张纹理太细或是太粗都不太适合表现使用;太粗的纹理首先就很难满足精细线稿表达的需求,再就是也难以满足将丰富的设计内容得以精细刻画的效果;太细的纹理和太薄的纸张对于水彩的多次渲染也难胜其任。特别是太薄的纸张,如果反复渲染容易导致破损,吸水性不强的它也容易让色彩变灰、变脏、变糊。

　　提及如何作水彩手绘表现时,许多人首先想到的或许是水彩表现的渲染步骤如何,而却较少首先关注水彩表现的总体意境效果如何。表现步骤固然重要,但整体意境效果才是手绘表现最终的目的。步骤总都略带程式化,程式化的东西容易理解,但要达到总体意境效果的把握,需要更多内在的对事物的感受与领悟,只有真正领悟水彩、懂得水彩深刻内涵的人才能不借助程式化的步骤而自由地控制画面的总体效果,使"水"与"彩"发生良好的互动性,或虚或实,张弛有度,才能更好地去作设计表现效果。如图 2-53、2-54 所示为水彩的张弛有度和远近虚实表现效果。

图 2-53　张弛有度的表现

图 2-54　远近虚实表现

　　当然,初学者要了解一些步骤也未尝不是一件好事,但一定要学会从"程式化"的步骤中找到自己的路子并且能"走出来"。

　　水彩表现的一般步骤有以下方面:

　　第一步:画面整体氛围的渲染。首先考虑的是画面中的天空、云彩、水以及大块面的色彩倾向的表现,一般以湿画法的方式渲染完成,渲染时应尽量由浅及深,采用叠加法,表现天空及远景时,可一气呵成来控制"水"和"彩"的互动性,以保证使水彩的轻薄、湿润、柔和等特性得以淋漓尽致地发挥,快速、准确地表现出物象的浓妆淡抹效果。需要注意的是,尽量避免作太多的细节描绘,同时可以忽略一些边界的存在。如图 2-55 所示天空背景色块渲染的表现效果。

图 2-55　天空背景色块渲染

　　第二步:画面暗部及阴影的表现。注意明暗交界线的准确表现,阴影部分可以考虑用对比色画出整体效果,物象的边界仍可以忽略不作强调。如图 2-56 所示为暗部及阴影表现。

　　第三步:物象固有色的渲染。可以用比较平涂的方式把画面中各物象元素的固有色渲染出来。需要注意的是,色彩叠加不宜过厚,以免弄脏画面。如图 2-57 所示为固有色渲染表现。

　　第四步:细节刻画,整体调整。做细节刻画、意境点缀、色彩对比、色调倾向调整等,要虚实有度,避免面面俱到的僵化表现。如图 2-58 所示为最终的表现效果。

　　目前,种种因素造成水彩手绘表现落后于水彩绘画的脚步。在快餐式的设计领域里,人们无力潜心修炼水彩表现的功力,因此,水彩表现一直是普遍设计人的硬伤,他们喜欢水彩表现的那种视觉魅力,却缺乏掌控水彩表现特质的能力。疏于修炼而采取回避态度的人与日俱增,这也正是导致传统水彩手绘表现停步不前、甚至是退步的原因之一。其实,水彩表现也并非想象的那么可怕,有时候,只要线稿底稿绘制得完整一些,也可以无需做太多复杂色彩、技法的考虑,而只需根据需要给有形的线稿用水彩稍稍加以侧重的浓妆淡抹几笔,使形、色巧妙的结合在一起,那样的手绘表现也是别有一番韵味的。"浓妆淡抹总相宜"的韵味是水彩特有的表现优势,也是本章学习的重点。

图 2-56　暗部及阴影表现

图 2-57　物体固有色渲染　　杨学文

图 2-58　细节刻画，整体调整　　　杨学文

第六节　色彩世界里相互共赢的其他表现

为了方便为了表现效果，人们时常巧妙地利用不同表现工具的表现语言来完成各种各具特色的手绘表现效果。在综合运用的过程中，那些不同工具的表现语言，它们不仅能发挥其本身语言的优势，还可能因为和其他表现工具的语言优势产生相互作用，从而又把各自的表现语言演绎得更加出神入化。相互共赢表现技法的运用，把手绘表现技法的语言空间推得更深、更广，也使手绘表现语言在设计表现过程中更具优势。

需要注意的是，综合运用不同表现语言时，要根据实际情况，根据"效果"原则，分清主次；综合运用的不同工具的语言不能各自为政，而更多的是要相互照应。换句话说，"效果"原则指的是需要那些组合语言发挥其各自的优势，来共同营造和体现最佳的设计表现效果。如果在结合表现时，各组合语言发挥的是各自为政的语言优势，用不好则会产生比较尴尬的境遇。

一、马克笔＋彩色铅笔

方便携带的马克笔和彩色铅笔，在注重效率面前，它们常常被人们作为一个组合来完成设计的表现，它们秩序的笔法，或含蓄或直接，相互之间总能产生共赢。一般情况下，两者在相互切换的过程中，其顺序不同，不仅表现了视觉效果不同，而且相互切换时运笔的感觉也不一样。彩色铅笔在马克笔色块上作穿插表现时，运笔感觉没有明显的干扰。反之，马克笔在彩色铅笔（特别是油性彩色铅笔）色块上运笔表现时，有时候则会感觉到不好着色甚至是有"打滑"的现象出现。马克笔和彩色铅笔在相互切换过程中，会产生相互加强或减弱的效果，同时也营造出不一样的表现语言和表现意境。如图 2-59、2-60、2-61 所示为马克笔与彩色铅笔结合运用的表现效果。

图 2-59　相互加强或减弱的表现语言效果

图 2-60　各显其能的马克笔和彩色铅笔表现效果

图 2 - 61　马克笔与彩色铅笔表现共赢的结果

二、水彩＋彩色铅笔

　　水溶性彩色铅笔遇水作用后表现出来的视觉效果与水彩表现出来的视觉效果很相似。在手绘表现里，它可以与水、水彩相互交织、碰撞、融合，也可以在彼此相互衔接时可进可退；它既方便保留自我的特质，又容易还以水彩的浪漫、写意与飘逸。水性彩色铅笔与水彩结合运用，只要让它们各自的优势得到充分的发挥，能顾此及彼，画面总会呈现出意想不到的视觉收获。从实践经验来看，人们常常主张以水彩为主，彩色铅笔为辅的组合运用形式，这样的组合形式更能挖掘出两者之间异与同的潜质，更能使它们的异与同在表现中相互依赖、相互超脱，能各自为营又相得益彰。如图 2 - 62、2 - 63 所示为水彩与彩色铅笔结合运用的表现效果。

三、水彩＋马克笔

　　具有曼妙、明净特性的水彩与具有直接、明快特性的马克笔，它们一柔一刚，结合在一起运用时，正好促成一种互补关系。它们刚柔并济的结合给快速手绘表现的语言空间增加不少的乐趣。但水彩与马克笔的结合也必须要根据实际，决定哪种作为主要表现工具，哪种作为补充，要做到兼顾得当，否则会出现喧宾夺主的现象，导致结合表现效果适得其反。

　　结合运用的工具还有很多，不单单是上面提到的那几组组合，也不单纯只是简单的两种工具的组合运用，有时候，为了某种效果的需要，也可能有多种工具材料的组合运用。总之，不管是哪种组合，不管是多少种工具的组合，技法总是人为的，我们只要学会掌控好大局，做到画面色彩关系融洽、技法组合得当以及表达设计立意、意境清晰就足够了。如图 2 - 64 所示为水彩与马克笔结合运用的表现效果。

图 2-62　水彩与彩色铅笔结合表现效果一

图 2-63　水彩与彩色铅笔结合表现效果二

图 2-64　水彩与马克笔结合表现效果

第三部分　走近设计手绘表现

快题设计表现

快题设计表现,指的是在较短时间内,将设计思路和设计意图通过徒手绘画的形式快速表达出来的设计表现效果。

内容决定形式,形式服务内容,快题的表现始终围绕着设计的核心内容服务,不能本末倒置。

设计表现最核心的表现内容是体现设计本身,体现设计的功能是否合理、体现设计与环境的关系是否得当,体现设计整体意境如何,等等。而快题表现,则是尽量突出设计的重点,充分传递作者的设计思想等。快题表现要点有以下几方面:

首先,确定画面总体基调。确定画面总体基调就是要处理好重点部分与非重点部分、主体与配景之间的颜色安排问题。色彩分冷暖,一般而言,主体与配景的色彩,它们之间存在着冷暖之分、色块大小之别等,确定好画面颜色的主次、冷暖关系,不仅能使人赏心悦目,还能使设计重点不言而喻。总之,一副好的作品离不开总体基调完整性的把握。如图 3-1、3-2 所示为不同设计总体基调表现。

图 3-1　立体桥景观设计总体基调表现　　陈欣怡

图 3-2 某项目景观设计总体基调表现

其次,总平面布局分布表现。总平面图除了能比较容易直观、全面地体现设计所涵盖的元素外,还可以体现设计元素之间相互的位置、比例等关系。总平面构思表现的好坏又直接关乎到其他表现的效果,所以,总平面布局分布表现尤其重要。如图 3-3、3-4 所示为总平面布局分布表现。

种子 麦芽 成材 树叶

绿叶图纹公园景观设计

总平面图 1:500

①图书馆
②特色铜鼓广场
③景观亭
④张拉膜
⑤亲水平台
⑥水上曲桥
⑦水底隧道
⑧厕所
⑨玻璃桥
⑩树阵广场
⑪读书天地
⑫音乐喷泉
⑬景观柱
⑭流水景墙
⑮花架
⑯主入口广场
⑰儿童天地
⑱办公区
⑲主入口

图 3-3 绿叶图纹公园景观设计平面图表现

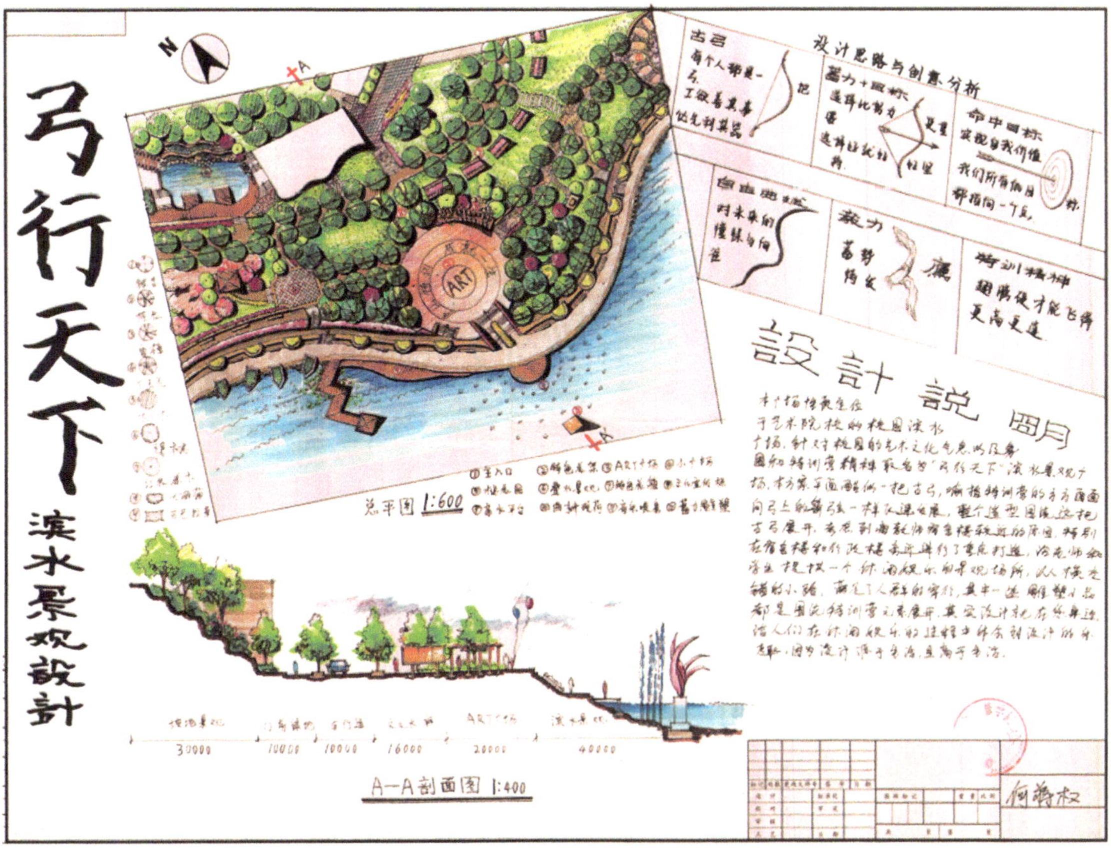

图 3-4　弓形天下滨水景观设计平面图表现

再次,立面图的表现。立面图的表现使设计元素形态更加直接和明了。如图 3-5、3-6、3-7、3-8 所示为不同立面图的表现效果。

图 3-5　景观立面表现

图 3-6　别墅建筑立面表现一　　　黄玄亨

图 3-7　别墅建筑立面表现二　　　黄玄亨

图 3-8　别墅建筑立面表现三　　　黄玄亨

最后,节点透视图表现。不管是最初推敲设计草图还是后期确定后的设计效果,用透视效果来表达设计、设计元素是最好的表现效果手段。节点透视效果图的表现,需要把设计内容、意向或所期望、预想的效果综合起来,用透视的手法来整体把握、表现出设计后的最终效果,让人们感觉到它们的体量与所属环境的关系。虽然也许有平面、立面效果图,但还是不能满足所有视觉感觉的需要。透视效果图能让人们去感受更多的东西,这不仅包括可视的体量,还包括想象的意境与空间。这也正是我们要强调整体把握透视效果图表现的真正目的。如图 3 - 9、3 - 10、3 - 11 所示为不同设计的节点透视表现效果。

图 3 - 9　某小区景观节点透视表现效果　　　黄　熙

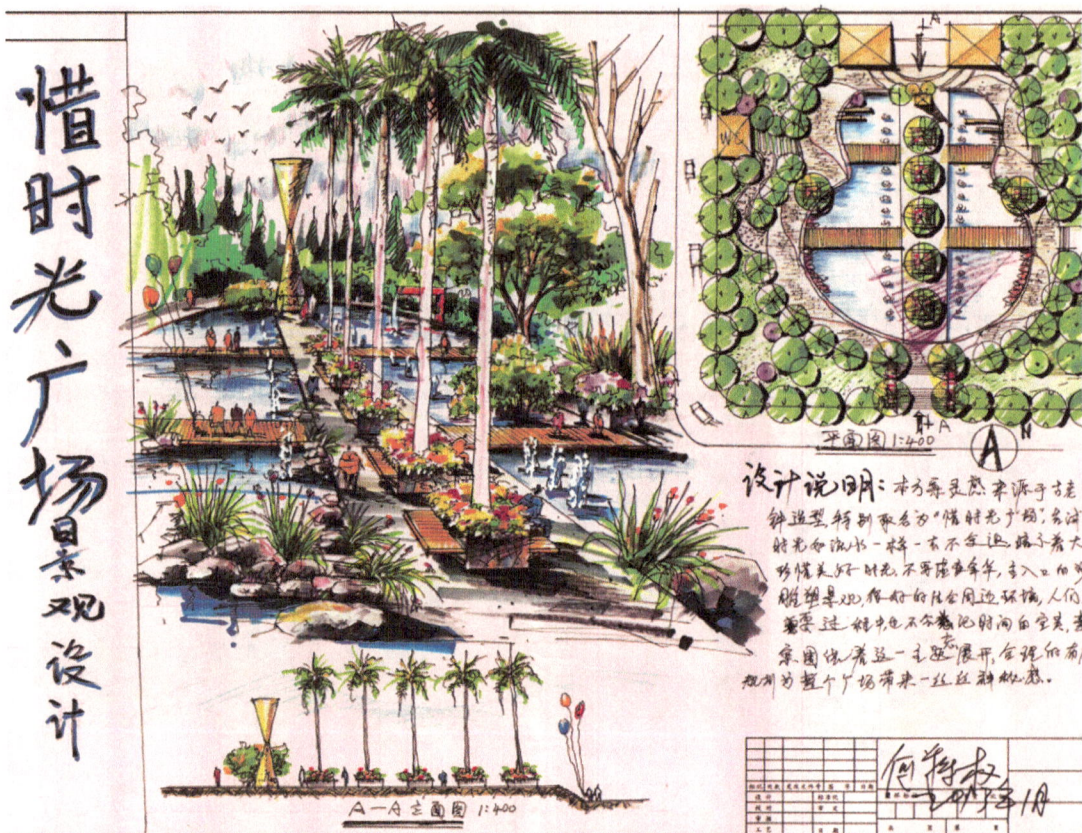

图 3-10　惜时光广场景观设计节点透视表现

图 3-11　弓形天下滨水景观设计节点透视表现

第四部分　走进实践设计项目表现

第一节　走进项目意向表现

　　要想理解设计意向表现,首先了解什么是意象表现艺术?关于意象表现艺术,在这里,我们可以引用以下句子来帮助理解意象表现性艺术:"一是从艺术家按照'我'感觉到的样子表现世界的角度。二是从艺术家根据'我想'表现的意图的角度。"

　　由此,我们就有了对项目设计意向(idea design)表现的理解依据。项目设计前期,项目设计总趋于设计师的自我推敲过程,推敲过程是尝试一些意向表现。"美如画"是人们用来赞誉美好事物的,设计意向表现图最终也要成为一幅画,一幅依据一定要求而绘制的画。只是它不是再现客观事物的画,而是设计师根据项目的要求捏造出来的造型别致、环境优雅、色彩漂亮精致的一种唯美画面,这种唯美画面正是设计师以"我"的设计意愿和"我想"这样表现绘制出来的,并且暂时谁也说不清这种唯美画面是真实的世界还是抽象的空间。这一点,它们和意向表现艺术不谋而合。如图 4-1、4-2、4-3、4-4、4-5、4-6、4-7 所示为不同项目意向表现效果。

图 4-1　某项目景观设计意向表现效果　　　黄　熙

图 4-2　某项目意向表现效果　　　黄　熙

图 4-3　某项目大门设计意向表现效果　　　雷雅琴

图 4-4　某项目观光塔设计意向表现效果　　　雷雅琴

图 4-5　某项目设计意向表现效果　　　黄　熙

图 4-6 某项目职工休闲区域意向表现效果 黄 熙

图 4-7 某项目入口设计意向表现效果 黄 熙

设计就是在"造物",那些唯美画面正是设计师在"造物"欲望的驱使下完成的,手绘表现则是设计师"造物"过程的重要表达手段。"手绘是带动设计前行的重要动力,设计反过来也是激发手绘表现的灵感所在。当你发现自己很难凭借想象力去将一个方案构思下去的时候,或者是你迫切想把设计方案表达出来的时候,你会感受到手绘的含义和价值。……""每一个设计师都喜爱手绘,其实这是对表达和交流的真实欲望。从需要它,喜爱它,掌握它,一直到每天应用它,成为一种必然和习惯。"

第二节 项目表现——手绘表现与电脑表现的异同

如今,手绘表现与电脑表现在项目设计表达过程中,都有着各自非常重要的地位。人们常说,优秀的设计师都应同时具备熟练的手绘表现能力和娴熟的电脑软件表现操作能力,只有两者结合才能更加适时地把握好项目设计的表现。

相比而言,电脑表现效果图具有真实、准确、具体、方便反复修改、易于复制粘贴等特点,但同时也存在着模式化、雷同化和机械化的问题,与注重时代个性化、多样化的现实设计理念有些矛盾。而手绘效果图表现则不同,它更具有人情味,更注重个性表现,更能体现出浓厚的个人思想感情色彩,表现语言灵活多样。更重要的一点是更能直接激发设计师的创作灵感。

种种原因,社会对电脑效果图大量运用,使得一些在校学生和设计人员误解了手绘表现的重要性,忽视了对手绘表现的重视。电脑效果图有其优势的地方,也存在不足之处,它们的局限性是显而易见的。而手绘表现则自始至终都是设计师在实际项目工作中的"黄金搭档",暂时的失宠并不能改变它成为"主流设计"表现的重要形式之一。

从发展来看,电脑与手绘表现都必将有长足发展,在实际项目设计工作中,人们可以根据需要使两者相互借鉴与结合,突出各自的优势,使设计表现达到更加准确、生动的效果。

与纯粹的电脑表现效果相比,手绘表现效果具有唯一性。

两者对实际项目表现的不同视觉效果,我们可通过以下所列举的十个项目的表现对比效果来观察其异同。

项目一:单体建筑表现对比效果,如图4-8、4-9所示。

图4-8 电脑表现效果

图 4-9　手绘表现效果　　　何蒋权

项目二:别墅群鸟瞰表现对比效果,如图4-10、4-11所示。

图4-10 电脑表现效果

图4-11 手绘表现效果

项目三:小区商业街表现对比效果,如图 4 - 12、4 - 13 所示。

图 4 - 12　电脑表现效果

图 4 - 13　手绘表现效果

项目四:建筑群落鸟瞰表现对比效果,如图4-14、4-15所示。

图4-14 电脑表现效果

图4-15 手绘表现效果 何蒋权

项目五:别墅表现对比效果,如图 4-16、4-17 所示。

图 4-16　电脑表现效果

图 4-17　手绘表现效果

项目六:联排别墅表现对比效果,如图4-18、4-19所示。

图4-18 电脑表现效果

图4-19 手绘表现效果 陈欣怡

项目七:湖边别墅表现对比效果,如图4-20、4-21所示。

图4-20 电脑表现效果

图4-21 手绘表现效果 何蒋权

项目八：别墅景观意向表现对比效果，如图 4-22、4-23 所示。

图 4-22　电脑表现效果

图 4-23 手绘表现效果

项目九:商业大楼表现对比效果,如图4-24、4-25所示。

图4-24　电脑表现效果

图4-25　手绘表现效果

项目十:别墅区商业街表现对比效果,如图4-26、4-27所示。

图4-26　电脑表现效果

图4-27　手绘表现效果　　雷雅琴

第五部分　其他作品欣赏

在本部分,我们精选了部分作品,通过对每幅作品的点评分析,使读者在欣赏作品的同时,理解作品的设计意图、所用的表现技法和最终的表现效果,进一步巩固、加深和强化前面所学的理化知识,锻炼和提升学生对理论知识在手绘表现技法中的实际运用能力。

在图5-1中,在保证原有乡村建筑不作太大改动的情况下,作者以因地制宜的造景手法,加之利用浓郁的色调和细腻的表现技法,轻易地就营造出乡村那份独有的质朴情怀。

图5-1　新农村景观改造表现效果　　黎美秀

在图5-2中,作者以干脆、明快的表现技法,把建筑物的高大、雄伟表现得淋漓尽致。

图5-2　建筑写生表现效果

在图 5-3 中,作者主要以"一点透视"的构图手法,来加强表现场景的纵深感;利用天空色块律动的排笔手法,使画面看起来更具违和感。

图 5-3 步行街表现效果。

在图 5-4 中,作者利用较为沉稳的表现笔法,塑造各物体的形态,使得画面更加凸显出庭院恬静的味道。

图 5-4 庭院表现效果

在图5-5中，作者利用怀旧的色调和含蓄的排笔手法来完成写生表现，既能表现出乡村自然状态下的景观，同时又或能抒发作者的情怀和勾起观者的情愫。

图5-5 写生表现效果 何蒋权

在图5-6中，天空与水景虽然只是以寥寥数笔来体现，但这却是作者的有意安排，这样的安排使得设计场景表现得轻松愉快。

图5-6 休闲娱乐一角表现效果

在图 5-7 中，作者以快速表现手法完成表现效果，笔法轻松，抓大放小，注重整体造型和色调的把握，快速表现出设计意图。

图 5-7　公园一角表现效果

在图 5-8 中，作者用火辣辣的色彩把设计主题(酒吧街)鲜明地表达出来，构图上安排穿插在画面中的主要交通路面，被作者巧妙地利用"留白关系"把整个"火辣辣"的表现调和得恰到好处。

图 5-8　酒吧街设计表现效果

在图 5-9 中，作者有意安排的"留白"表现，充分调动出画面的层次空间和意境美，使得表现效果事半功倍。

图 5-9　休闲场景表现效果

在图 5-10 中，作者用细腻恬静的表现手法，把小区公园的景观表现得精致有加。

图 5-10　小区公园一角表现效果

在图 5-11 中，作者运用收放自如的冷暖对比，不仅把一份幽静又张扬的视觉盛宴呈现在人们面前，还足以使人仿佛身临其境，流连忘返。

图 5-11　某休闲区域表现效果　　　雷雅琴

在图 5-12 中，作者用简洁明了的构图形式体现泳池周边环境的明净，充分概括的表现语言也把周边景观环境处理得既干净整洁又不失该有的氛围。

图 5-12　游泳池周边景观表现效果

在图 5-13 中,作者对天空的表现处理手法使得画面沉稳中带有一股冲击的力量。

图 5-13 会所景观表现效果

在图 5-14 中,作者利用色彩透叠关系,表现轻松自在的落花流水;有意的线条与色彩的交替,使画面真实又虚幻。

图 5-14 水景景观表现效果 陈欣怡

在图 5-15 中,作者强调整体感觉,有序、有趣的天空表现,使画面徒增许多意想不到的趣味效果。

图 5-15 某建筑外立面景观表现效果

在图 5-16 中,主体建筑用灰色系表现,园林绿化主要以黄绿冷色系来表现,设计表现整体协调统一。

图 5-16 某建筑物周边景观表现效果

在图5-17中，作者仅是把握庭院的氛围，有取有舍，不计较庭院外面的视觉，这样使得设计空间效果更显私密性。

图5-17 私人庭院表现效果

在图5-18中，作者利用色彩对比关系调和整个表现画面，从弱对比到强对比的递进，使画面耀眼夺目。

图5-18 休闲区水景一角表现效果 梁富超

参考文献

[1]钟叶洲.建筑·景观·室内设计手绘效果图表现技法——麦克笔篇[M].北京:科学出版社,2014.

[2]蒋励.手绘效果图表现技法及应用[M].北京:北京交通大学出版社,2012.

[3]杜健,吕律谱.30天必会 建筑手绘快速表现[M].武汉:华中科技大学出版社,2013.

[4]宫晓滨.中国园林水彩画技法教程[M].北京:中国文联出版社,2010.

[5]钟旭东,等.钢笔＋麦克笔园林景观效果图快速表现[M].北京:化学工业出版社,2013.

[6]谢明洋,等.手绘效果图表现技法详解——景观设计[M].北京:中国电力出版社,2010.

[7]汤留泉.环境手绘效果图快速表现[M].武汉:华中科技大学出版社,2010.

[8]席跃良.环境艺术设计手绘效果图表现技法[M].北京:中国电力出版社,2008.

[9]陈春花,等.手绘效果图表现技法[M].广州:华南理工大学出版社,2010.

[10]崔笑声.手绘效果图表现技法[M].北京:中央广播电视大学出版社,2011.

[11]张跃华.效果图表现技法[M].上海:东方出版中心,2008.

艺术设计类专业"十三五"实践创新系列规划教材

> **基础类**
> (1) 设计概论
> (2) 设计简史
> (3) 设计素描
> (4) 设计色彩
> (5) 设计速写
> (6) 设计构成
> (7) 摄影(摄像)基础
> (8) 创意思维训练
> (9) 设计市场营销

> **设计类**
> (1) 展示设计
> (2) 产品设计
> (3) 家具设计
> (4) 照明设计
> (5) 陈设设计
> (6) 室内设计
> (7) 景观设计
> (8) 动画设计
> (9) 标志设计
> (10) 图案设计
> (11) 字体设计
> (12) 包装设计
> (13) 立体构成
> (14) 广告设计
> (15) 版式设计
> (16) 招贴设计
> (17) 书籍设计
> (18) CI 设计
> (19) 数字印前设计

> **技法类**
> (1) 室内效果图手绘表现技法
> (2) 建筑·景观设计手绘表现技法
> (3) 设计制图
> (4) 产品设计手绘表现技法
> (5) 网页制作
> (6) 多媒体技术与应用
> (7) 广告设计创意表现
> (8) 产品设计材料与工艺
> (9) 服装设计材料与工艺
> (10) POP 手绘表现技法
> (11) 包装形态设计
> (12) 商业插画表现技法

> **技能类**
> (1) 计算机辅助平面设计
> (2) AutoCAD 2012 中文版室内设计
> (3) Photoshop CS5 案例教程
> (4) Illustrator CS5 案例教程
> (5) 服装设计 CAD
> (6) 3D 效果图绘制
> (7) 计算机辅助设计(Coreldraw)
> (8) 室内设计工程概预算
> (9) 模型制作
> (10) Flash 动画设计制作
> (11) 动画剪辑原画设计与制作
> (12) 动画制作场景设计与制作
> (13) 计算机辅助设计 illustrator
> (14) 计算机辅助设计 indesign
> (15) 网页设计

欢迎各位老师联系投稿!

联系人:李逢国
手机:15029259886　办公电话:029－82664840
电子邮件:lifeng198066@126.com　1905020073@qq.com
QQ:1905020073 (加为好友时请注明"教材编写"等字样)

图书在版编目(CIP)数据

建筑·景观设计手绘表现技法/黄熙,谭明铭主编
. —西安:西安交通大学出版社,2016.7(2024.1重印)
ISBN 978 - 7 - 5605 - 8828 - 5

Ⅰ.①建… Ⅱ.①黄… ②谭… Ⅲ.①建筑设计—绘
画技法②景观设计—绘画技法 Ⅳ.①TU204②TU986.2

中国版本图书馆 CIP 数据核字(2016)第 177430 号

书 名	建筑·景观设计手绘表现技法	
主 编	黄 熙 谭明铭	
责任编辑	李逢国	

出版发行	西安交通大学出版社	
	(西安市兴庆南路 1 号 邮政编码 710048)	
网 址	http://www.xjtupress.com	
电 话	(029)82668357 82667874(市场营销中心)	
	(029)82668315(总编办)	
传 真	(029)82668280	
印 刷	西安五星印刷有限公司	

开 本	787mm×1092mm 1/16 印张 6.875 字数 159 千字	
版次印次	2016 年 8 月第 1 版 2024 年 1 月第 2 次印刷	
书 号	ISBN 978 - 7 - 5605 - 8828 - 5	
定 价	44.80 元	

如发现印装质量问题,请与本社市场营销中心联系。
订购热线:(029)82665248 (029)82667874
投稿热线:(029)82664840
读者信箱:1905020073@qq.com